AF452772

C. SAINT-SAËNS

DE L'INSTITUT

Germanophilie

GERMANOPHILIE

DU MÊME AUTEUR

A LA MÊME LIBRAIRIE

Au courant de la Vie, in-8................. **7.50**

C. SAINT-SAËNS

DE L'INSTITUT

Germanophilie

AVANT-PROPOS

« La Force prime le Droit. »

Si l'Allemagne avait dit : la Force prime la Faiblesse, elle n'aurait dit que la vérité. Depuis le soleil qui retient les planètes autour de lui jusqu'à l'araignée qui dévore la mouche, tout, dans la Nature, obéit à la loi du plus fort. L'Homme, tantôt en mal, tantôt en bien, modifie l'œuvre de la Nature. Un jour sont nées la bonté et la pitié ; elles apparaissent déjà chez les animaux supérieurs, elles s'épanouissent chez l'homme. Si le Christianisme ne les a pas inventées, comme on veut le faire croire, il leur a donné un prodigieux développement. C'est d'elles, probablement, qu'est né le Droit, qui est la force morale opposée à la force brutale. Avec les progrès de la civilisation, le règne du droit grandissait ;

on prévoyait le jour où son empire s'étendant sur le monde, une paix universelle répandrait ses bienfaits.

Malheureusement, un travail contraire s'élaborait sournoisement ; l'odieuse lutte des classes, le travail et le commerce n'ayant d'autre but que le lucre, étaient de fâcheux symptômes. L'Allemagne, reprenant en sens contraire le rôle du Christianisme, s'est emparée de ces mauvais instincts ; et elle qui se prétend religieuse, qui invoque la protection divine et se prévaut d'une culture supérieure, voici qu'elle affiche la suprématie de la force brutale sur la force morale, raille la bonté et la pitié, érige la cruauté en principe et en système. C'est le recul violent de la Civilisation, le retour à la Barbarie ancestrale.

En présence de cette situation, comment peut-on se dire Germanophile ?

La Germanophilie est une duperie ou un crime.

Choisissez.

15 avril 1916

GERMANOPHILIE

Il est inutile de dire que les artistes d'Allemagne n'ont jamais eu de talent, que ses savants n'ont aucune valeur ; c'est imiter les Allemands lorsqu'ils disent que les Français sont un peuple de singes.

Mais il est utile de réagir contre l'absurde germanophilie qui depuis si longtemps égare l'opinion et corrompt le goût du public au bénéfice de l'étranger.

Un peuple a le droit de s'exagérer la valeur de ses grands hommes, de dissimuler leurs défauts et même de les ignorer. Il va contre son devoir s'il agit en sens contraire, s'il ne voit que les défauts des siens et les qualités des autres. N'est-ce pas ce qu'on a fait trop souvent chez nous? N'a-t-on pas traité Lamartine, Hugo, Musset, avec le dernier mépris? D'Auber, de Gounod, on ne pouvait pas même parler. Mais parlez-nous de Gœthe, de Schiller, de Richard Wagner!

Pour celui-ci, l'adoration a passé toutes les bornes. On a écrit chez nous toute une bibliothèque sur ses œuvres; naguères, près de quarante ans après l'apparition de l'*Anneau du Niebelung*, j'ai reçu un gros in-octavo, explication détaillée et minutieux commentaire de cette œuvre fameuse. Il y a quelque vingt ans paraissait à Paris une étonnante *Revue Wagnérienne* étalant les théories les plus étranges; d'une lecture difficile, elle voyait peu à peu se raréfier ses lecteurs, si bien qu'elle crut devoir annoncer un jour que désormais elle serait rédigée en langage intelligible. Elle mourut enfin de « wagnérite », ayant seulement réussi à montrer quelles erreurs l'admiration aveugle de l'étranger peut engendrer.

Grâce à d'énormes et persistants efforts dont nos plus illustres compositeurs n'ont jamais été gratifiés, les œuvres de Wagner se sont imposées au public français qui s'imagine les admirer, alors qu'en réalité il n'y comprend rien et n'y peut rien comprendre, car ces œuvres sont à la fois littéraires et musicales ; ces drames lyriques, sans le texte dont les traductions parfois informes ne donnent qu'une bien fausse idée, sont pour les auditeurs français des lanternes magiques dont la lampe n'est pas allumée. Et l'on est arrivé à passionner notre public pour ces ouvrages, à les lui faire préférer à ceux qui lui seraient intelligibles ! On permet de dire tout ce qu'on voudra d'Auber, de Gounod, de Berlioz ; mais avez-vous jamais lu quelque ligne signalant les platitudes que l'on rencontre çà et là dans *Tannhäuser*, dans *Lohengrin*, les extravagances, les interminables longueurs de *Tristan*, de la *Tétralogie?* On en a parlé quelquefois, mais si peu que cela ne s'est pas remarqué. Et pourtant ces soleils ont des taches: on les voyait autrefois, on ne voyait qu'elles, on en voyait même là où il n'y en avait pas; depuis long-temps on ne veut plus les voir. Avant la guerre, le directeur d'un grand théâtre de province, occupé à organiser sa prochaine saison d'hiver, me racontait que ses abonnés lui réclamaient surtout des œuvres wagné-riennes.

Gœthe et Schiller sont de grands poètes; mais combien surfaits! Que de strass parmi leurs diamants. que de plomb autour de leur or! « Faust » est intangible. Le public français qui en parle avec admiration ne le connaît pas; il n'en connaît que l'épisode de Marguerite, ou plutôt il croit le connaître, car il s'en fait une idée tout à fait erronée; la Marguerite d'Ary Scheffer et de Gounod n'est pas du tout la Gretchen de Gœthe, créature insignifiante et vulgaire qui prend un relief et une couleur inusités par le reflet des personnages qui l'entourent. Les scènes où elle figure sont peu de chose dans ce vaste poème dont bien des parties sont impénétrables pour les Allemands eux-mêmes et dont la valeur littéraire disparaît dans les traductions. De son importance philosophique je ne dirai rien, me sentant incapable de l'apprécier; mais comment ne pas s'étonner quand on la voit aboutir à cette conclusion du déssèchement des marais ? La montagne, la chaîne de montagnes plutôt, accouche d'une souris.

Les Français ne lisent plus l'*Ahasvérus* de Quinet, le *Paradis perdu* de Milton. Pourquoi vénèrent-ils tant le *Faust*?

Mais laissons cette œuvre, respectable au moins par sa masse, et passons au théâtre de son auteur. On ne l'attaque jamais chez nous, alors qu'on a versé des torrents d'encre contre celui de Victor Hugo, alors qu'on ose critiquer Racine et Corneille. Tout n'est cependant pas parfait dans le théâtre de Gœthe !

Il a fait d'Egmont, de ce grand patriote modèle de toutes les vertus, un amoureux passionné, donnant ainsi le déplorable exemple — malheureusement trop suivi — du procédé théâtral qui consiste à dénaturer les personnages historiques et légendaires, et à mettre de l'amour partout.

Dans *Stella, pièce pour les cœurs sensibles,* on voit deux femmes se disputer le cœur d'un jeune blondin qui leur est également favorable ; et lorsqu'elles ont longtemps pleuré, bataillé, discuté, ratiociné, elles se décident en dernière analyse à faire avec lui ménage à trois. Comme tous les cœurs ne se sont pas trouvés assez « sensibles » pour accepter un tel dénouement, l'auteur en a ajouté un autre : une des femmes se suicide pour que l'autre soit heureuse !

Torquato Tasso est intéressant à lire ; mais ce n'est pas une pièce. C'est la longue et monotone histoire de l'amour inavoué du poète pour une princesse qui lui montre beaucoup de sympathie ; et lorsqu'enfin, se croyant encouragé, il lui avoue sa dévorante passion, elle le repousse avec horreur ! Une princesse peut-elle aimer un poète ?

En dehors du théâtre, parlerons-nous d'*Hermann et Dorothée*, poème célèbre en Allemagne? Un jeune paysan est amoureux d'une jeune paysanne : il la soumet à une série d'épreuves humiliantes, et comme elle les supporte courageusement, il se décide à l'épouser. Toute la délicatesse allemande fleurit dans ce poème. On peut la constater aussi sur un tableau dont on voyait autrefois la gravure chez les marchands d'estampes, et qui représente Gœthe, vêtu à l'antique et chaussé de gros souliers lacés, descendant avec majesté dans son jardin, en présence de femmes extasiées !

De même que celui de Gœthe, le théâtre de Schiller n'est pas sans défauts.

Intrigue et Amour passe pour un chef-d'œuvre. Le fils d'un ministre est épris d'une jeune fille parée de toutes les grâces et de toutes les vertus, mais de condition modeste ; le ministre, par ambition, veut faire épouser à son fils la maîtresse du prince régnant. Imaginez un auteur français traitant un pareil sujet : le ministre donnerait à son fils, se donnerait à lui-même toutes sortes de bonnes raisons, autres que la vraie, plaidant en faveur de ce mariage. Ici, rien de pareil : il étale sa honte, il s'y vautre ; bien plus, il va relancer dans sa famille la malheureuse jeune fille, qu'il sait digne de tous les respects, et lui tient les propos les plus désobligeants !

Il y a de fort belles choses dans *Don Carlos*, mais à quel prix ! Au prix d'un postulat énorme, qui fait d'un gamin maladif, presque un enfant, un beau jeune homme révolutionnaire et aimé de la reine ! postulat que Du Locle a remis en honneur pour Verdi, sur la scène de l'Opéra.

Dans sa *Jeanne d'Arc,* on voit Jeanne amoureuse d'un Anglais et mourant dans les bras d'Agnès Sorel !

Il ne faut pas oublier toutefois que Schiller, dans son *Ode à la joie,* mise en musique par Beethoven dans sa 9e Symphonie, a chanté la fraternité universelle. Aussi, depuis la guerre, la 9e Symphonie est mise à l'index en Allemagne.

On sait en quelle mince estime les germanophiles tiennent Gounod ; n'eût-il que ce mérite, — et il en a d'autres, — il a celui d'avoir restauré chez nous, en l'enrichissant,

la belle déclamation d'autrefois, avec le respect de la prosodie négligé par Auber et son
école dont l'art était bien superficiel ; mais
il était gai. Après une journée de labeur, on
allait à l'Opéra-Comique pour se délasser,
pour se mettre en joie ; était-ce donc un si
grand crime ? Je me vois encore, un diman-
che, faisant queue pour entendre, chantés
comme on ne les chantera plus jamais, l'*Am-
bassadrice* avec Mme Carvalho, le *Toréador*
avec Mme Ugalde ; j'y prenais grand plaisir
et cela ne m'empêchait pas d'admirer les
belles choses. C'était un art de chez nous
qui, par cela même, avait pour nous son prix.
Sous l'influence allemande, on a dénigré
l'opéra-comique, on a parlé avec dérision de
de l' « art national » ; on l'a, malgré le public,
retiré du répertoire alors qu'en Allemagne il
continuait à être en faveur ; on n'a plus formé
nos jeunes chanteurs à dire le dialogue sous
prétexte que la juxtaposition du chant et de
la parole, qui remonte aux anciens Grecs,
était inesthétique ; et l'on a tué, ou peu s'en
faut, ce genre qui a produit tant d'œuvres
charmantes.

C'est à ce genre, cependant, qu'appartient encore *Carmen* à la glorieuse carrière. On sait comment on fit, chez nous, tout ce que l'on put pour l'entraver ; ce fut en Angleterre d'abord, en Allemagne ensuite, que le public l'adopta ; et pendant que son succès grandissait à l'étranger en attendant qu'il s'implantât chez nous, finissant par où il aurait dû commencer, on lisait dans nos journaux qu'on avait représenté ici *Lohengrin*, là *Tannhäuser*, ailleurs *Tristan* ; de *Carmen* il n'était pas question.

Réclame pour les œuvres allemandes, froideur pour les œuvres françaises ; voilà ce que nous avons vu pendant des années, après l'invasion, après la perte de deux provinces, après la publication par Richard Wagner d'*Une capitulation*, libelle infâme dans lequel la France vaincue était traînée dans la boue ! Deux fois on a voulu publier à Paris cette ordure, et deux fois les exemplaires ont disparu comme par enchantement (1). Un écrivain célèbre fit dans toute la France une tournée de conférences pour enseigner au peuple

(1) Une nouvelle traduction en a paru récemment.

que cela n'avait aucune importance, qu'il ne fallait pas y faire attention.

L'art, a-t-on dit, n'a pas de patrie : ce qui est absolument faux, l'art s'inspirant directement du caractère des peuples. En tout cas, si l'art n'a pas de patrie, les artistes en ont une. Ce mot, souvent répété, c'est moi qui l'ai dit le premier, et j'en revendique l'honneur.

Il ne faut s'étonner de rien. Malgré les crimes de l'Allemagne, malgré son intention ouvertement déclarée de détruire notre race, la wagnéromanie persiste en France dans certains esprits.

Elle fut lente à croître, cette passion wagnérienne. On sait que je fus un des premiers à défendre l'art nouveau à son aurore, alors que les Allemands eux-mêmes n'en voulaient pas. Ce n'est pas que dès le premier jour je n'en aie vu les défauts : jamais je n'ai consenti à m'enrôler sous la bannière de ceux qui saluaient en Richard Wagner une sorte de Messie dont les plus grands musiciens du passé n'auraient été que les précurseurs. Mes anciens écrits en font foi ; dans *Harmonie et Mélodie*, on trouvera cette affirmation : « Je n'ai jamais été, je ne suis pas, je ne serai jamais de la religion wagnérienne. » Aussi est-ce avec la plus insigne mauvaise foi que l'on m'a accusé de brûler ce que j'avais adoré, quand j'ai traité la question à fond dans un article intitulé : « L'illusion wagnérienne », qui figure dans mon livre : *Portraits et Souvenirs*.

Oui, elle fut lente à croître, la passion wagnérienne, et le public difficile à conquérir. Il me souvient de grands concerts organisés à Londres, avec le concours de l'auteur, qui furent un désastre ; de concerts à Paris où l'on exécutait des actes entiers de *Tristan*, devant un auditoire clairsemé et glacial. On a continué malgré tout, ce qu'on n'avait jamais fait pour personne ; à force de frapper sur le clou, on l'a enfoncé, et enfoncé si bien qu'il devient fort difficile de l'arracher.

En insistant ainsi, les Allemands et leurs collaborateurs — que je veux bien croire inconcients — infiltraient peu à peu chez les

autres peuples le poison germanique. Le wagnérisme, sous couleur d'art, fut une machine
merveilleusement outillée pour ronger le
patriotisme en France. C'était l'âme allemande
qui s'insinuait peu à peu dans notre public.
La langue, dit-on, est l'âme d'une race. La
musique l'est bien plus encore. Ecoutez les
chants napolitains, espagnols, russes, sué-
dois, arabes ; ne sont-ils pas les portraits
mêmes de ces peuples ? n'en disent-ils pas plus
sur leur nature que tous les commentaires ?

On ne veut plus de la langue allemande, on
ne veut plus qu'on la parle, on ne veut plus
qu'on la chante, on ne veut plus qu'on l'ap-
prenne. Peut-être serait-il plus habile de la
connaître, au contraire, et de la parler couram-
ment, comme les Allemands parlent la langue
française ; je ne saurais juger cette question.
Mais je remarque une chose : les Alsaciens
aiment à parler allemand. Quand ils seront
redevenus Français, leur interdira-t-on l'usage
de la langue allemande ? Ne les laissera-t-on
pas libres de se servir des deux langues
comme autrefois ? Agir autrement ne serait-il
pas une tyrannie bien inutile ?

On ne veut plus qu'on parle allemand, ni qu'on chante en allemand, mais on veut quand même la musique de Richard Wagner, sans langue allemande. Combien de fois faudra-t-il répéter que cette musique, sans la langue qui l'accompagne, n'est pas compréhensible, et que ceux qui s'imaginent la comprendre ainsi, se font une prodigieuse illusion ? Mais cette illusion leur plaît, cette chimère les séduit. Il faut qu'elle ait sur eux un bien puissant empire pour qu'on ose, en ce moment, se déclarer « l'admirateur éperdu de *Parsifal* » !

Je dirai ce que je pense de cette œuvre impénétrable où le sublime côtoie le ridicule au milieu d'une atmosphère d'incommensurable ennui. Trente années d'attente et de réclame en ont fait un énorme succès. Ces longueurs, ces lourdeurs, ces obscurités, ce faux mysticisme, cette intarissable prolixité, qu'ont-ils à voir avec notre âme française éprise de franchise et de clarté ?

Depuis quarante ans, on ne cesse de nous faire entendre la musique du grand réformateur. Du vivant de Charles Lamoureux, pas un de ses programmes sur lequel ne figurât au moins une fois le nom de Wagner ; depuis, s'il en fut autrement, la place prise par lui dans les concerts, soit à Paris, soit ailleurs, n'en fut pas moins prépondérante, et, de temps à autre, un concert lui était exclusivement consacré. Le nombre des fragments ainsi détachables du théâtre n'étant pas considérable, toujours on entendait l'Ouverture de *Tannhäuser*, le Prélude de *Tristan*, la *Chevauchée des Valkyries*. N'ai-je pas vu figurer cette dernière à l'inauguration d'une statue de Molière, à laquelle assistait un ministre ? et comme je m'étonnais de la présence de ce morceau dans une cérémonie si essentiellement française : « Est-ce que ce n'est pas beau ? » me répondit le ministre, qui ne m'a jamais pardonné mon observation.

Ah ! cette musique ! le ministre qui la défendait ainsi la connaissait bien imparfaitement, comme le public lui-même, comme tous ceux qui ne l'ont pas étudiée.

Avant Richard Wagner, tous les grands compositeurs écrivaient « honnêtement », si l'on peut dire ; il a inauguré et mis à la mode, malheureusement, le charlatanisme. On ne peut se figurer, quand on n'a pas lu ses partitions d'orchestre, tout ce qu'elles offrent de détails inutiles, ébahissement du lecteur novice, dont pas un n'arrive à l'oreille de l'auditeur, — de passages impraticables dont les exécutants ne peuvent donner, quels que soient leurs efforts, qu'une approximation plus ou moins infidèle. Il y a mieux : dans l'*Anneau du Niebelung,* il a écrit pour des instruments qui n'existent pas, *parce que cela fait bien à l'œil,* a-t-il dit dans une note explicative en avertissant qu'il faudrait les remplacer par d'autres...

Ainsi donc, depuis quarante ans, on ressasse la *Chevauchée,* la mort d'Yseult (qu'il faut prononcer Isolde), le Prélude de *Tristan,* l'Ouverture de *Tannhäuser,* et vous n'en avez pas assez? et vous en redemandez encore ? Pendant ce temps l'œuvre de Berlioz, à part la *Damnation de Faust,* demeure inconnue. On entendait quelquefois le *Carna-*

val Romain, bien rarement l'Ouverture de *Benvenuto* ; de celles du *Roi Lear*, du *Corsaire*, de la Symphonie *Child-Harold*, de la *Symphonie funèbre et triomphale*, il n'était jamais question. On négligeait l'admirable *Roméo*, la délicieuse *Enfance du Christ*.

On délaissait le *Désert* de Félicien David, d'une si pittoresque naïveté, le *Désert* qui eut l'honneur d'importer en Europe l'orientalisme musical.

Que faisait-on des si charmantes *Suites* pour orchestre de Massenet, dont la perle est la *Suite alsacienne?*

Tout cela était sacrifié au Moloch germanique.

Après les massacres de femmes et d'enfants, après les bombardements d'hôpitaux, après les destructions de cathédrales, après les profanations, après l'aveu cynique de la haine pour la France, comment peut-il se trouver des Français pour réclamer la musique de celui que l'Allemagne considère depuis longtemps comme son génie national, de l'auteur d'*Une Capitulation*, cette infamie

« que nous nous efforçons d'oublier », comme me l'écrivait une mélomane, correspondante anonyme? On ne l'a que trop oubliée et le moment est venu de nous en souvenir. Aussi l'on s'en souvient ; on se met à en reparler et c'est, le croiriez-vous, pour excuser l'auteur.

Richard Wagner a dit qu'il n'avait pas voulu insulter les Français, mais simplement ridiculiser les directeurs des théâtres allemands; il n'y a qu'à le croire; c'est bien simple.

Voyons donc comment il s'y est pris :

Nous sommes sur la place de l'Hôtel-de-Ville. Un autel de la République y est dressé, orné de bonnets rouges. Victor Hugo, qui est le principal personnage de la pièce, passe sa tête par une ouverture ménagée devant l'autel et débite un long monologue, dans lequel, après s'être épongé le front d'un geste las, il raconte qu'il est arrivé pour sauver Paris, non pas en traversant les lignes prussiennes, mais en se faufilant par les égouts. D'autres personnages surviennent, puis des soldats qui, après avoir jeté « avec grâce »

des fleurs aux statues de Metz et Strasbourg,
dansent le cancan autour de l'autel en chan-
tant :

> Républik, blik, blik,
> Républik, blik, blik, etc.

Mais Victor Hugo est toujours dans le trou,
et il s'agit de l'en sortir. On le tire par la
tête, malgré ses cris, alors que d'autres personnages, restés dans l'égout, le tirent par
les pieds, « si bien qu'il s'allonge comme s'il
était en caoutchouc ». Puis il rentre dans le
trou pour en sortir plus tard et monter en
ballon avec Nadar et Gambetta. Avec un
énorme soufflet, on gonfle le ballon qui va
s'accrocher tantôt aux tours Notre-Dame,
tantôt au dôme du Panthéon. Entre temps
sont apparus les trois Jules, Simon, Ferry et
Mottu, Emile Perrin, tous, naturellement,
tenant les propos les plus absurdes.

Avant de monter en ballon, Victor Hugo
est apparu tantôt avec des cornes de bélier et
une cotte de mailles, tantôt déguisé en Génie
de la France, débitant des vers de mirliton

où sonnent les rimes *histoire*, *victoire*, *Loire*
et *gloire*.

> Cafés, restaurants,
> Dîners de gourmands,
> Garde mobile
> Et bal Mabile,
> Mystères de Paris,
> Et poudre de riz...

ainsi chante le grand poète en s'accompa-
gnant sur une lyre d'or !

Voilà comment Richard Wagner ridiculise
les directeurs des théâtres allemands.

Ah ! je n'avais pas vu ! Tout à fait à la fin,
quand la pièce est finie, arrivent les directeurs des théâtres royaux d'Allemagne, qui
se livrent à des danses ridicules ; et c'est tout.
En ce temps-là, ces directeurs étaient encore
réfractaires aux œuvres wagnériennes, et l'auteur leur en voulait.

Et l'on vient nous dire que la gallophobie
de Richard Wagner est une légende ! Et tandis que des Français se font tuer pour empêcher que l'Allemagne ne dévore la France,
d'autres travaillent tranquillement, comme
avant la guerre, à sa « pénétration pacifique » !

La morale des individus n'est pas celle des
nations; si pour ceux-là l'oubli des injures est
une vertu, pour celle-ci elle est une faute, et
pour ceux-là mêmes cet oubli a des limites.
Iriez-vous applaudir un merveilleux chanteur,
s'il avait insulté votre mère?

Laissons de côté, pour le moment, Richard
Wagner et ses œuvres; nous y reviendrons.
Avec tout un monde de procédés nouveaux,
il nous avait apporté des beautés nouvelles;
il avait brisé les vieux moules, brisé, ce qui
était plus difficile, la tyrannie des chanteurs;
l'avènement de ses œuvres était un bienfait,
bien mal apprécié d'abord, et l'on pourrait
oublier l'auteur et ne voir que ses ouvrages,
si l'abus scandaleux qu'on en a fait, l'engoue-
ment prodigieux et contre nature dont ils
sont devenus l'objet, l'intention avouée par
l'Allemagne d'en faire une machine de guerre
contre l'art français, l'erreur pernicieuse de
prendre ses défauts pour des qualités, qui a
causé tant de mal, leur envahissement des-
tructeur n'eussent changé le bienfait en cala-
mité. Au moment où la guerre allait éclater,

n'annonçait-on pas l'apparition des *Maîtres chanteurs* et de *Tristan*, déjà au répertoire de l'Opéra, sur la scène de l'Opéra-Comique? Tout le répertoire aurait suivi le même chemin, accompagné de celui de M. Richard Strauss, rendu libre par la déconfiture du théâtre des Champs-Elysées; on parlait déjà du *Chevalier à la Rose*. Qu'auraient fait pendant ce temps nos musiciens? Ils auraient attendu sous l'orme, ce mancenillier à l'ombre mortelle.

Aussi bien, si la musique de Richard Wagner a été la machine la plus puissante employée par l'Allemagne pour germaniser l'âme française, il s'en faut qu'elle soit la seule.

Pasdeloup — qui était d'origine allemande et qui de la traduction de son prénom Wolfgang avait fait le nom sous lequel il s'est rendu célèbre, à ce que l'on m'a dit — avait fondé la *Société des jeunes artistes*, où il accueillait volontiers les compositeurs français que la fière *Société des Concerts* ne daignait pas admettre. Les grands classiques allemands figuraient naturellement sur les programmes, mais la jeune Ecole française y trouvait une place assez large qui lui eût permis de vivre et de se développer. Ce fut alors que je lui dédiai ma Symphonie en *la mineur*, exécutée sous sa direction malgré la résistance de son orchestre qui ne l'avait pas comprise en la déchiffrant.

Mais l'Allemagne veillait.

Un jour, la *Société des jeunes artistes* disparut et fut remplacée par les fameux *Concerts Populaires*; en tête des affiches, on lisait en gros caractères les noms de Haydn, Mozart, Beethoven, Mendelssohn, ce qui était tout un programme; en effet, à partir de ce jour, l'Ecole française fut réduite à la portion congrue. Il ne fallut rien moins que le traité de Francfort pour modifier la situation.

Entre temps, Pasdeloup avait pris la direction du Théâtre-Lyrique, en affichant les intentions les plus libérales; mais elles ne furent pas suivies d'effet, car sa véritable intention était de faire représenter *Rienzi*, l'œuvre de jeunesse de Wagner, mélodique et de compréhension facile, avec laquelle on espérait apprivoiser le public encore réfractaire aux théories nouvelles, ce public qui avait si maladroitement sifflé *Tannhäuser*. Malgré l'opposition de la presse, qui n'était pas encore wagnérienne, le succès de *Rienzi* fut éclatant.

Cette œuvre est plus italienne qu'allemande; si l'on n'en peut dire autant de celle des grands maîtres du passé, il n'en est pas moins vrai que tous, depuis Sébastien Bach jusqu'à Beethoven, nous montrent un mélange heureux du sang allemand et du sang italien. C'était en Italie, autrefois, qu'on apprenait la musique, et l'on sait que Haydn fut l'élève de Porpora. Cette hybridation a fait de la musique de tous ces maîtres un art véritablement international, un art dont on pourrait dire qu'il n'a pas de patrie. La musique vraiment allemande commence à Robert Schumann. Celui-ci était destiné à la folie, et sa musique porte des tares qu'il est impossible de signaler aux lecteurs non musiciens, et que la plupart des musiciens eux-mêmes n'aperçoivent pas; aussi ne gâtent-elles pas beaucoup son œuvre. S'il est essentiellement allemand, c'est naïvement, parce que telle est sa nature ; et il reflète bien cette Allemagne d'autrefois, l'Allemagne artiste et littéraire que nous avons aimée. Je ne crois pas que l'idée d'envahir le monde l'ait jamais hanté ; comme ses prédécesseurs, il vivait dans son art comme dans une tour d'ivoire, écrivant du matin au soir et suivant sans arrière-pensée son intarissable inspiration.

Mais, par cela même que sa musique, d'un charme si profond, était essentiellement allemande, elle a commencé à glisser dans nos veines le « poison germanique ». Au lieu des belles mélodies de Gounod (à peu près inconnues), de celles de Massenet et de tant d'autres, on s'est mis à chanter les *Lieder* de Schumann, rendus méconnaissables et parfois inintelligibles par les traductions, la prosodie française s'accommodant difficilement avec la prosodie allemande, le sens des paroles étant parfois en opposition avec celui de la musique. Qui n'a entendu chanter avec passion : « J'ai pardonné, jouet info...rtuné » ! C'est en allemand qu'il faut chanter Schumann, n'en déplaise à ceux qui veulent qu'on

ignore la langue allemande, comme si l'igno-
rance n'était pas une infériorité!

Depuis Schumann, les musiciens allemands ont été Allemands avec prémédita-
tion, ils ont voulu être Allemands avant tout,
ce qui est assurément leur droit, mais ce qui
ne devrait pas leur valoir chez nous un tour
de faveur. Brahms a écrit un « Requiem allemand »; Wagner, en inaugurant le Théâtre
de Bayreuth, a prononcé un discours dans
lequel il a dit que grâce à lui, l'Allemagne
avait enfin un art. D'après lui-même, les
Allemands du XVIᵉ siècle devaient déjà penser
qu'ils en avaient un, puisque *Les Maîtres
Chanteurs* se terminent par un hymne « au
saint art allemand »; mais les génies ont le
droit de se contredire.

Ah! ce Brahms! en voilà un dont la musique est d'un germanisme indigeste! Ses
compatriotes eux-mêmes ne l'ont pas digéré
facilement. Mme Schumann, qui consacrait
un magnifique talent et une grande volonté
à propager les œuvres de son défunt mari,
avait pris les œuvres de Brahms sous sa protection. Elle avait créé un parti, en opposi-

tion avec celui de la « musique de l'avenir »,
qui présentait Brahms comme le continua-
teur de Schumann. A part quelques œuvres,
comme une Sonate pour piano et violon, sa
Symphonie en *fa*, des valses écrites dans sa
jeunesse, quelle lourdeur dans ses œuvres,
lourdeur que l'on prend pour de la profon-
deur! quelle absence de charme, quelle froideur! et, ce qu'il y a de pis, c'est la perte de
cette élégance d'écriture que les maîtres pré-
cédents possédaient à un si haut degré, et que
Wagner avait conservée sans la communiquer
à ses imitateurs. Il a écrit quelques beaux
Lieder, mais qui ne vont pas au cœur, qui ne
ravissent pas l'imagination comme ceux de
Schumann.

Un jour, j'entendais un de ces *Lieder*
chanté par une jeune cantatrice allemande, et
accueilli d'une façon glaciale par le public,
très chaud pour deux autres, de Schubert et
de Schumann.

— Le lied de Brahms n'a pas été applaudi,
lui dis-je.

— Il ne l'est jamais.

— Pourquoi le chantez-vous?

— *Mme Schumann m'a dit qu'il fallait le chanter.*

C'est à cette discipline, inconnue chez nous, que l'on doit la diffusion de certaines œuvres, imposées au public malgré sa résistance. Depuis cette lointaine époque, il est arrivé à Brahms une chance extraordinaire; on a découvert que son nom commençait par un B, comme ceux de Bach et de Beethoven; on l'a mis au même rang que ses glorieux prédécesseurs, et, de successeur de Schumann, il est devenu celui de Beethoven, en Allemagne seulement, bien entendu.

De toute la musique allemande, il n'en est guère qui soit aussi peu que la sienne accessible au public français. Elle n'en figurait pas moins abondamment sur les programmes, malgré l'ennui non dissimulé des auditoires. L'auteur est allemand, cela suffisait...

Mais, ennuyeuse ou non, la musique de Brahms fait partie de l'art sérieux et digne de ce nom. L'envahissement germanique ne s'arrête pas là.

Il lui fallait conquérir les masses populaires, la partie des classes élevées réfractaire à la « musique savante ». On y a pourvu par les opérettes viennoises et berlinoises.

L'opérette n'est pas nécessairement inférieure. Ne parlons pas de l'Allemand Offenbach, créateur du genre, qui avait du génie, mais était un bien pauvre musicien. En Angleterre, Arthur Sullivan ; en France, MM. Lecocq et Messager, ont prouvé que la correction de l'écriture ne nuisait pas à ces œuvres légères, qui ne sont autres que notre ancien opéra-comique avec plus de fantaisie et de laisser-aller. Nos jeunes musiciens, qui ont tant de peine à se faire jour, n'auraient pas dédaigné les petits théâtres où ils auraient trouvé des interprètes montrant parfois des qualités de diction que pourraient envier des chanteurs trop exclusivement préoccupés de leur voix et pas assez de la « parole ». Mais MM. les directeurs faisaient venir de Berlin et de Vienne toutes leurs nouveautés. Les auteurs dramatiques chargés de l'adaptation y trouvaient leur compte, sans réfléchir qu'ils l'auraient trouvé mieux encore avec des œuvres originales. Les « tziganes » étaient chargés de faire entendre chaque soir, dans tous les restaurants de la capitale, les principaux motifs des ouvrages nouveaux, et c'est ainsi que se fabriquèrent les grands succès que tout le monde connaît, et qui ont fait la fortune de nos bons amis les Allemands et les Autrichiens.

Qui ne se souvient de « Viens, poupoule! » et de sa vogue imbécile? C'était une chanson berlinoise...

A ceux qui veulent à toute force séparer les questions politiques des questions d'art, à ceux qui approuvent l'exécution de la *Chevauchée des Valkyries* à l'inauguration d'une statue de Molière, « parce que c'est beau », qui s'écrient avec une imprudente générosité : « Wagner quand même! », je signale ce fait :

L'Allemagne, en haine de l'Angleterre, a banni du répertoire de son Théâtre les œuvres de Shakespeare.

J'ai dit que l'Allemagne avait fait des œuvres de Wagner une machine de guerre contre la France. Il est aisé de le prouver.

Peu de temps avant la première apparition de *Lohengrin* à Paris, sur le théâtre de l'Eden, des articles infâmes parurent dans certaines feuilles. J'en fis un résumé qu'on va lire, et dans lequel il n'y a pas une phrase qui ne soit prise textuellement dans lesdits articles.

« Wagner vient. Enfin, nous allons entendre de la musique. Nous ne pouvions plus nous en passer, voyez-vous. Nous avons eu Massenet, nous avons eu Paladilhe. Du propre, les musiciens français ! Parlons-en. Nous admettons les musiciens français, d'ailleurs. Nous les admettons en attendant, pour passer le temps, à condition qu'ils s'inclinent devant le MAITRE, sans condition. Autrement, il n'en faut pas. Et qu'on ne nous parle pas de M. Gounod, un pompier ! Wagner vient, les patriotes sont furieux. Sont-ils assez ridicules les patriotes ! des gêneurs. Il y a des jeunes gens qui vont mettre des fleurs à la statue de Strasbourg; on a envie de les gifler. Et ces gens-là voudraient nous empêcher d'écouter Wagner? Ah ! mais non, il n'en faut pas. D'ailleurs Regnault était patriote, n'est-ce pas? Eh bien ! Regnault chantait la musique de Wagner, et M. Saint-Saëns a joué la marche de *Lohengrin* à son enterrement... Paris n'avait pas encore capitulé. Qu'importe! Ah! oui, nous savons bien, *Une Capitulation*. C'est infect, c'est dégoûtant. Qu'importe! Autrefois l'injure était permise au vaincu; maintenant elle est permise au vainqueur. Le vaincu imposait ses arts au vainqueur, autrefois; à présent, c'est le contraire. Autre temps, autres mœurs. Nous voulons Wagner; Carvalho n'a pas osé nous le donner, M. Lamoureux nous le donnera; c'est un convaincu, lui. L'Allemagne ne nous a pas assez envahis; nous voulons être envahis, c'est notre plaisir. Wagner vient, Wagner vient... »

J'avais simplement ajouté :

« Voilà ce qui se dit en France; voilà ce que des Français osent écrire. Ah! les Allemands doivent bien rire! »

Ces articles, qui suscitèrent de violentes réponses, furent la cause des sifflets qui accueillirent la représentation orageuse de *Lohengrin*, pendant laquelle on entendit crier : « A bas la France! » Des gens qui criaient : « Vive la France! » furent arrêtés par la police. Et cela se passait au temps de l'affaire Schnæbelé!

N'étant pas signé, le résumé cité plus haut fut attribué à Gounod. Le public allemand me rendit toutefois responsable de l'accueil fait à *Lohengrin*. Il était loin de compte, comme on va voir.

Lorsqu'il fut question de publier une édition française de *Lohengrin*, Richard Wagner, qui habitait alors Paris et avec qui j'étais en relations, m'avait demandé de surveiller la traduction confiée à Nuitter et j'avais accepté cette mission. Nuitter, au lieu de me soumettre son manuscrit, m'apporta une épreuve de la partiton française déjà gravée; je lui fis de nombreuses observations dont il prit note avec le plus grand soin. Peu de temps après, la partition était mise en vente et je constatais que de mes remarques on n'avait tenu aucun compte. L'ouvrage, dans ces conditions, n'était pas exécutable.

Lorsqu'il fut question des représentations de *Lohengrin* sur le théâtre de l'Eden, je songeai que ma parole était engagée, et que ma conscience artistique ne me permettait pas de laisser représenter dans de pareilles conditions une œuvre dont je n'avais pas cessé d'admirer les beautés; je priai donc les éditeurs, MM. Durand et Schœnewerk, de me permettre de retoucher la traduction. Informé de ce fait, Nuitter accourut épouvanté, craignant d'avoir à partager ses droits d'auteur ; il n'avait que trois millions, le pauvre homme ! Je m'empressai de le rassurer en lui affirmant que ses droits ne subiraient aucune atteinte, et j'entrepris la refonte de cette traduction, qui nécessita parfois un travail tout nouveau ; c'est ainsi que je dus récrire entièrement le grand duo du troisième acte. D'autres mains ont apporté depuis à mon texte des modifications dont je ne suis pas responsable.

On voit que je n'ai rien à me reprocher à l'égard de Richard Wagner.

Mes correspondants anonymes m'adressent un reproche que l'on m'a fait déjà, celui d'avoir manqué de patriotisme en allant «chercher des applaudissements en Allemagne ». Je n'y ai jamais répondu, tant je le trouvais stupide. C'est le cas de répéter le mot si connu : Qui trompe-t-on ici ?

En quoi consiste donc le patriotisme ? N'est-ce pas à aimer son pays par dessus tout, à travailler dans son intérêt ? En allant, à mes risques et périls, porter l'art français en Allemagne, j'agissais dans l'intérêt de la France, et j'aurais voulu que tous les artistes français en fissent autant. Au lieu de cela, « par patriotisme », on n'est pas allé en Allemagne, mais on a permis aux artistes allemands de venir en France ; ils y vinrent timidement d'abord, puis, encouragés par le succès, y vinrent de plus en plus et ce fut enfin une inondation de chanteurs, de virtuoses, de chefs d'orchestre, de compositeurs, tous applaudis et grassement rétribués.

A qui a profité cette façon de comprendre

le patriotisme ? A la France ou à l'Allemagne ?

Le lecteur décidera.

Plusieurs personnes, notamment des professeurs de piano, qui ne veulent plus entendre parler de musique allemande, m'ont demandé comment on peut remplacer, dans l'enseignement du piano Séb. Bach, Mozart et Beethoven. Les remplacer est impossible, et les exclure bien inutile. Ils font aimer l'Allemagne et c'est fâcheux ; mais l'Allemagne qu'ils représentent ressemble si peu à l'Empire germanique d'aujourd'hui ! C'était l'Allemagne des petits royaumes et des petits duchés, d'un germanisme fortement teinté de culture française et de goût italien. A Vienne, les opéras s'écrivaient et se chantaient en italien, comme en témoignent *Don Giovanni* et les *Nozze di Figaro*, *Orfeo* et *Alceste*. Il y a une tache dans l'œuvre de Beethoven : un morceau symphonique intitulé « la Bataille de Vittoria ou la victoire de Wellington », fort médiocre d'ailleurs, qui servit d'appât pour attirer le public au concert dans lequel on entendit pour la première fois l'immortelle Symphonie en *la*. C'est la peinture musicale d'un fait historique, ce n'est pas une insulte à la France (1). Et ce fait remonte si loin ! Il ne faut pas imiter les Allemands qui vendent encore des cartes postales représentant l'incendie du château d'Heidelberg.

Faisons la paix sur le passé ; ne décrochons pas, pour le remiser au grenier, le portrait d'Erasme par Holbein, et continuons de prendre des leçons de goût et de style chez le divin Mozart. Ce que l'on peut, ce que l'on doit faire, c'est de ne pas écarter, comme on le fait dans le monde musical, tout ce qui n'appartient pas à l'Ecole allemande, ou qui n'est pas protégé par l'Allemagne, comme la musique de Grieg, qui a bénéficié chez nous d'une faveur inouïe et injustifiée, alors que son compatriote Svendsen, plus intéressant à mon avis, alors que le Danois Gade, qui ne jouissaient pas de la même protection, ont été dédaignés.

Pour l'enseignement, l'admirable *Gradus*

(1) Beethoven a écrit aussi une Cantate, *L'instant glorieux*, en l'honneur du Congrès de Vienne.

ad Parnassum de Clementi, les études de Cramer (Anglais), celles de Stamaty, de Ravina, les célèbres études de Chopin, peuvent suffire à tout. Les Nocturnes et les Concertos de Field (Irlandais) sont à voir, ainsi que les nombreuses compositions de Scarlatti (Sicilien), qui sont de premier ordre. Enfin, Gade, le Danois déjà cité, dont le Danemark se fait gloire à juste titre, a laissé, entre autres, de charmantes « Aquarelles » pour le piano.

La brillante Ecole russe est une mine d'or pour les pianistes. Il suffira de citer Balakireff, Rubinstein, Tschaïkowsky...

En France, sans parler des contemporains, nous avons la pléiade des clavecinistes, et à leur tête notre grand Rameau ; plus près de nous, Henri Reber, dont la simplicité voulue cache un grand souci du style.

Rameau, contemporain de S. Bach, étant avant tout un compositeur dramatique, son œuvre pour le clavecin ne saurait rivaliser, dans sa brièveté, avec celui de son puissant rival ; il n'en a pas moins, par son caractère, son originalité, une très grande valeur. Il est souverainement injuste de l'ignorer, ainsi que ce que nous ont laissé les anciennes Ecoles françaises, anglaises, italiennes, qui ont droit à la lumière du jour, à côté de la grande Ecole allemande.

Une erreur analogue existait naguère en peinture ; quand j'avais vingt ans, les visiteurs du musée du Louvre n'avaient d'yeux que pour les Ecoles italiennes et flamandes, somptueusement logées ; la peinture française était reléguée dans des salles mal éclairées que le public traversait avec une dédaigneuse indifférence. Il a fallu des années pour que l'on rendît justice aux grands peintres qui, depuis le xvie siècle jusqu'à nos jours, ont illustré l'art français.

Une jeune pianiste qui ne veut plus jouer de musique allemande range Dussek parmi les auteurs qu'elle bannit de son répertoire. Grande erreur ! Dussek, qui est venu souvent en France où il eut de grands succès, était de Bohême : il est né à Chotiebov et mort à Prague. Il ne faut pas oublier que si les Tchèques font partie de l'Empire d'Autriche, c'est à leur corps défendant ; ils exècrent les

Allemands, et la France n'a pas de plus grands amis. Dans ce pays on trouvera une mine de compositions de grande valeur, dues à la plume de Smetana, de Dvorak (qui se prononce et devrait s'écrire en français *Dvorjak*), d'autres fort intéressants. Mais il faut se garder de compter parmi les Tchèques les Allemands nés en Bohême, comme Gustav Mahler.

Ma gracieuse correspondante a de proches parents sous les drapeaux ; l'un d'eux a péri d'une mort héroïque dont elle me fait le récit. Je lui laisse la parole :

« Le lieutenant Hispert a eu, le 24 août (1), la cuisse atteinte par un éclat d'obus ; il a pris un cheval pour ne pas s'arrêter. Le 4 septembre, il a eu la joue traversée par une balle qui, lui brisant les dents, est ressortie par le menton ; malgré cela, il est resté à son poste, étant le seul officier de sa compagnie. Le 10 au matin, il a eu le poignet traversé et brisé par une autre balle ; l'ordre était de tenir coûte que coûte, et il est resté ; et le soir un obus

(1) 1914.

a eu raison de sa vie et de son courage. »

Pendant que des Français se conduisent ainsi, d'autres réclament la musique des ennemis de la Patrie...

Une correspondante, qui est pianiste et prend plaisir à jouer du Mendelssohn, m'a demandé pourquoi je n'en avais pas parlé. J'aurais dû le faire, d'autant plus que les wagnériens lui ont fait une guerre à mort. Est-ce parce qu'ils ne le jugeaient pas assez Allemand? Ne serait-ce pas plutôt pour fermer les yeux du public sur certaines ressemblances que l'on peut trouver, en cherchant bien, entre certains passages de Wagner et d'autres de Mendelssohn ? Celui-ci n'en a pas le seul privilège ; le début de la *Valkyrie* ressemble étrangement au *Roi des Aulnes*, de Schubert ; aussi Wagner parlait-il avec dédain des célèbres *Lieder* de ce dernier. Enfantillages que tout cela. Ces ressemblances superficielles sont d'usage courant et ne signifient rien. Des passages presque identiques peuvent donner des impressions toutes différentes et il n'y a pas à s'en occuper ; c'est un des mystères de l'Art. N'en déplaise aux wagnériens, l'auteur d'*Elie*, du *Songe d'une nuit d'été*, de la *Symphonie écossaise*, est une grande figure musicale. Il ne comprenait pas Victor Hugo ; il a écrit sans conviction — d'après son aveu — la musique de *Ruy Blas*, dont la jolie ouverture ne reflète nullement le caractère ; mais la musique d'*Athalie* montre qu'il avait apprécié Racine.

C'est aller tout à fait à l'encontre de la volonté de Richard Wagner, que d'invoquer à son sujet l'idée de l'Art n'ayant pas de patrie.

Je lui ai entendu dire à lui-même : « *Si des Français veulent adopter mes principes, ils devront se garder de m'imiter ; ils devront s'inspirer du génie de leur langue et de leur pays. Si au lieu d'être Allemand, j'avais été Français ou Italien, j'aurais écrit de la musique toute différente.* »

La concision était son moindre défaut, et l'on connaît la terrible longueur de certaines de ses œuvres ; il en est de même de sa littérature : un certain courage est nécessaire pour s'aventurer dans ses dissertations artistiques, politiques et philosophiques. De toute cette prolixité se dégage une idée maîtresse : d'après lui, l'art allemand avait dégénéré depuis longtemps sous l'influence de la France et de l'Italie ; il s'est donné pour but de rendre à l'art allemand toute sa pureté. C'était son droit, qu'il considérait comme son devoir ; et, peu à peu, par des travaux gigantesques, le but a été atteint. Ce n'est donc pas un art sans patrie, mais un art essentiellement allemand qu'il nous apporte ; et ce caractère purement germanique est la cause principale de la difficulté que ses œuvres ont éprouvée à s'imposer hors de l'Allemagne ; celle-ci n'a pu les faire adopter que par de longs et persistants efforts, dans l'intention d'infiltrer partout, grâce à la puissante magie de la musique, l'âme et la culture allemandes, de préparer par la pénétration pacifique la conquête projetée. Ceux qui maintenant ne peuvent plus se passer de Wagner ignorent que leur goût actuel est le résultat d'un demi-siècle de pression opérée par tous les moyens, journaux, brochures, livres, exécutions de plus en plus fréquentes. Il y a quelque vingt ans, je ne pouvais traverser une ville de province sans que les gens les plus étrangers à la musique vinssent me demander ce qu'était Wagner, ce qu'étaient ses œuvres. En même temps qu'on exaltait celles-ci, on parlait avec dérision de notre « genre national » qui avait produit, depuis le xviiie siècle jusqu'à nos jours, de si charmantes œuvres, afin d'en dégoûter le public et de faire place nette pour l'art nouveau. Comme s'il n'y avait pas place dans l'art pour tous les genres, pour la miniature comme pour la fresque, pour le camée comme pour la statue, pour Marivaux comme pour Corneille !

Sans cette pression prodigieuse, telle que l'histoire de l'Art n'en fournit pas d'autre exemple, la plupart de nos amateurs ne connaîtraient pas plus l'œuvre de Wagner que les poésies de la Chine.

Veut-on savoir comment, à Paris, on abaissait l'Ecole française devant l'Ecole allemande ? Ici, je serai forcé de parler de moi, ne voulant avancer que des faits dont je suis absolument sûr.

Lorsqu'après de longues hésitations l'Opéra se décida enfin à monter *Samson et Dalila*, on me promit des merveilles de mise en scène. On me montra un appareil de projection au moyen duquel, au second acte, on devait faire courir dans le ciel des nuages orageux. Mais on prenait presque aussitôt la décision de faire succéder la *Valkyrie* à *Samson* ; et du coup, les splendeurs de la mise en scène me furent supprimées. On donna l'ouvrage avec les misérables décors qui subsistent encore : un fragment du *Roi de Lahore* avec des dieux indous, traîne dans le premier acte ; je dus employer toute mon énergie pour obtenir, au commencement du second acte, une mince bande rouge indiquant la fin du crépuscule. On ne voulait pas escompter les beaux effets crépusculaires du troisième acte de la *Valkyrie*.

L'histoire de mes démêlés avec la « Société des grandes auditions » est plus curieuse encore.

La Société, qui avait déjà fait connaître

Tristan aux Parisiens, projetait l'exécution du *Crépuscule des Dieux*, suivies de nouvelles représentations de *Tristan*. Le tout devait avoir lieu pendant l'hiver, et, pour le mois de mai, la Société annonçait un grand concert dans la salle du Trocadéro, dont le produit devait être attribué à l'érection du monument de Bossuet, dans la cathédrale de Meaux. Le *Déluge* devait être la pièce principale du concert.

Il se trouva que les études du *Crépuscule des Dieux* furent plus laborieuses que l'on n'avait supposé, et durèrent tout l'hiver ; on arrivait au printemps quand il s'agit de représenter *Tristan*. Cette représentation ne s'imposait pas, *Tristan*, exécuté l'année précédente par la Société, étant entré depuis dans le répertoire de l'Opéra. Mais Wagner avant tout! Bossuet pouvait attendre ; *Tristan* prit la place du concert et l'on me proposa, le croirait-on ? de remettre celui-ci au milieu de juillet, *au moment même où devait avoir lieu le couronnement du roi Edouard VII!*

Je refusai, et je ne voulus plus entendre parler de rien.

Nous avons vu comment, sans cette affreuse guerre, les œuvres des deux Richard, Wagner et Strauss, envahissaient l'Opéra-Comique, malgré que le public, en applaudissant le *Savetier du Caire*, eût montré qu'il était tout disposé à bien accueillir l'Ecole française.

Il faudrait, pour sauver notre École, remettre les choses en l'état ancien, interdire à l'Opéra-Comique les traductions et restaurer le Théâtre-Italien, où l'on nous donnerait Mozart, les Italiens anciens et modernes, et même, de temps à autre, Wagner, ayant quitté l'Opéra, délivré du charabia d'Alfred Ernst qui déshonore la scène française. Une telle combinaison pourrait arranger bien des choses et concilier bien des intérêts.

Enfin, qu'on nous rende les Symphonies d'Haydn et de Mozart, les Ouvertures de Mozart, de Beethoven, de Weber, de Berlioz, celles si pittoresques de Mendelssohn, celle, unique en son genre, de *Guillaume Tell* avec son étonnante introduction pour cinq violoncelles, celle de la *Muette*, celle de *Zampa*, décousue, vulgaire même par moments, mais géniale; et les *Poèmes symphoniques* de Liszt, dont nous ne connaissons qu'une partie, la musique de Liszt ayant été, pendant de longues années, mise à l'index par les wagnériens. Qu'on nous rende l'*Invitation à la valse*, avec l'instrumentation merveilleuse de Berlioz, à laquelle on avait substitué celle de M. Weingartner, dans laquelle le duo des deux amants, confié par Berlioz à la clarinette et au violoncelle, est chanté par deux trompettes...

Et de Berlioz enfin, qu'on mette en lumière toutes les œuvres; elles ont attendu trop longtemps la justice qui leur est due.

Lorsqu'il fut question de représenter à Paris la *Valkyrie*, les wagnériens s'inquiétèrent de l'effet que pourrait produire, sur les spectateurs parisiens, la vue des ailes dont sont ornés les casques des vierges guerrières. Alors on profita de l'étonnante docilité des femmes en matière de modes; on leur fit mettre d'abord sur leurs chapeaux de petites oreilles d'âne, et elles trouvèrent cela charmant; puis, lorsqu'elles furent bien habituées aux oreilles d'âne, on les remplaça par des ailes. Et pour qu'il n'y ait pas de doute sur l'intention qui présidait à ces ornements, il parut dans un grand journal un article que je n'oserais qualifier, où l'on parlait de ces petites ailes courroucées et frémissantes qui venaient d'Allemagne, de ces ailes de Valkyries *qui mettaient en fuite les coques de rubans des Alsaciennes.* D'autres que moi, à qui j'ai parlé de cet article, s'en souviennent encore. Bien préparées, les ailes des Valkyries ne parurent pas ridicules. On n'osa pas, cependant, leur donner en France le grand développement qu'elles ont en Allemagne.

La peur du ridicule fut bien plus grande, quand une couturière de Vienne s'avisa de publier sa correspondance avec Richard Wagner. A Paris, on parla vaguement de robes de chambre fastueuses, doublées de satin de diverses couleurs; c'étaient de véritables robes qu'il s'agissait, et Wagner donnait force détails sur l'étroitesse de la taille, sur la longueur des jupes à traîne. Ce fut, à Vienne, un scandale énorme, et bien inutile à mon avis : Wagner avait bien le droit, s'il lui plaisait, d'être grotesque dans son intérieur. Mais ces étrangetés éclairent le côté fâcheux de son talent, ces bizarreries qui heurtaient les auditeurs de la première heure, celles, bien plus nombreuses, qui se révèlent à la lecture : traits inexécutables, complications inutiles et nuisibles, détails prodigués à l'excès, toutes choses qui donnent l'impression d'un charlatanisme qu'on ne serait en droit de reprocher qu'à ses maladroits imitateurs.

A propos de ces accoutrements, je demande la parole pour un fait personnel.

En feuilletant la collection du *Figaro*, on pourra rencontrer un article de M. Pierre Elzéar, où cet écrivain, parlant d'un séjour que je fis en Algérie, jugea plaisant de raconter que Mgr Lavigerie, étant venu me voir, m'avait trouvé déguisé en almée.

Je n'ai jamais été habillée en femme qu'une fois dans ma vie, à l'âge de six ans ; je ne me suis jamais vêtu en almée, pas même en arabe, et il n'y a de vrai dans l'anecdote que a visite dont m'avait honoré l'illustre prélat.

Parlons de choses plus sérieuses.

« Quand je relis mes anciens ouvrages théoriques », disait un jour Richard Wagner à Frédéric Villot, « il m'est impossible de les comprendre. »

Ce n'est pas étonnant. Voici comment il a défini la Mélodie. (Traduction de M. Prodhomme) :

« La mélodie est la rédemption de la pensée poétique indéfiniment conditionnée, et qui s'effectue par la conscience profonde de la plus haute liberté d'émotion : elle est l'involontaire voulu et accompli, l'inconscient conscient et proclamé, la nécessité justifiée d'un contenu indéterminé, condensé à partir de ses ramifications les plus lointaines en vue d'une extériorisation de sentiment bien définie, d'un contenu indéfiniment étendu. »

Ensuite, par d'ingénieux sophismes, d'une clarté analogue, il établit que dans l'opéra la mélodie doit être confiée non à la voix, mais à l'orchestre. Il a fait heureusement à cette règle d'innombrables exceptions ; elle n'est même complètement appliquée que dans *Parsifal*, sauf pour la partie chorale, qui est traitée mélodiquement et donne à la scène du Temple sa merveilleuse beauté.

En théorie, le système de Wagner est admirable, cette synthèse de tous les arts que l'orchestre enveloppe comme un vêtement, exprimant l'inexprimable, commentant l'action, expliquant tout. Dans la pratique, ce système aboutit à la suppression de l'art du chant et à l'hypertrophie de l'orchestre ; pour suivre celui-ci dans tous ces détails, pour comprendre ces commentaires, il faut une étude profonde ; celui qui saisirait l'œuvre du premier coup devrait être non seulement musicien dans toute la force du terme, mais doué d'une mémoire pareille à celle des gens qui peuvent, sans les voir, jouer plusieurs parties d'échecs simultanées. Et Wagner avait la prétention de créer un art populaire !

Les wagnériens français se divisent en plusieurs catégories.

1° Les fanatiques, pour qui Wagner est l'*alpha* et l'*oméga*, qui n'admettent rien en dehors de ses œuvres ; ce sont de simples maniaques, se pâmant d'admiration quand on leur joue n'importe quoi en leur faisant accroire qu'on leur fait entendre la musique de leur idole. L'un d'eux me disait un jour ne pouvoir plus supporter que les accords dissonnants, il ignorait qu'il y a dans les œuvres de Wagner de longues séries d'accords parfaits, sans parler de l'introduction de *l'Or du Rhin*, entièrement construite sur le seul accord de *mi bémol* !

2° Ceux, les plus nombreux, qui ne comprennent rien aux œuvres wagnériennes, mais qui sont pris au charme de cette musique excitante et troublante, y puisant une ivresse que M. Frédéric Masson a justement comparée à une griserie d'opium.

3° Ceux, dont je suis, ayant étudié ces œuvres, ne s'illusionnant pas sur leurs défauts (qui n'en a pas ?) et trouvant dans leurs beautés la source de jouissances esthétiques profondes, qui ne se rencontrent pas ailleurs.

Pour ces deux dernières catégories d'auditeurs, ne plus entendre les œuvres de Wagner est une privation; disons, si vous voulez, que c'est un sacrifice.

Et quand des mères sacrifient leurs fils, quand des jeunes filles sacrifient leurs fiancés, quand des femmes sacrifient leurs maris, quand un roi sacrifie son royaume, on ne voudrait pas sacrifier une jouissance?

On s'instruit en voyageant. J'ai vu, en Algérie, en Italie, en Espagne, des ambassadeurs venus d'Allemagne pour prêcher la bonne parole et préparer les voies. Pour quel artiste a-t-on jamais fait pareil apostolat, et comment ne pas voir que l'Art, en pareil cas, n'était qu'un prétexte ? La germanisation universelle, voilà le vrai but.

Que d'efforts pour faire adopter la lourde musique de Brahms, dont le public ne voulait pas! On a essayé d'introduire Pruckner, Mahler, mais alors le public a résisté; on est pourtant parvenu à lui imposer certains contemporains.

La dernière fois que j'ai vu Richard Wagner, c'était en 1876, à une célèbre soirée de Wahnfried où j'étais allé à mon corps défendant, ayant *Une Capitulation* sur le cœur; j'avais cédé au désir de Liszt, à qui je devais tant de reconnaissance et ne pouvais rien refuser.

« Vous m'en voulez, me dit Wagner, à cause d'une mauvaise plaisanterie? »

« Il vous était si facile de ne pas la faire », lui répliquai-je.

Et il ne m'a rien répondu.

Des gens qui jugent des autres par eux-mêmes, ne comprenant pas qu'on puisse agir autrement que dans un intérêt personnel, m'ont accusé des calculs les plus misérables, des sentiments les plus bas. D'après eux, je ferais la guerre aux œuvres de Wagner pour que les miennes vinssent prendre leur place. M'a-t-on jamais vu faire la guerre à Gounod, à Massenet, à Ambroise Thomas ? N'ai-je pas défendu Meyerbeer, en butte à la haine des wagnériens, qui vont jusqu'à traiter de « médiocres » ses œuvres, si longtemps la gloire de nos théâtres lyriques ? Médiocres, le quatrième acte des *Huguenots*, le quatrième acte du *Prophète* ? On veut rire ! Or, ce sont précisément mes accusateurs qui n'ont cessé d'attaquer *Faust*, *Mignon*, *Manon*, les *Huguenots*, guerre aussi injuste qu'inutile, car elle n'a pas empêché le public d'aller applaudir ces œuvres célèbres.

« Qu'y a-t-il de plus inutile que du nuisible qui ne nuit pas ? » écrivait un jour Auguste Vacquerie, oubliant ce qu'il avait écrit lui-même contre Racine. C'est à cette tâche ingrate que s'emploient depuis longtemps quelques-uns de nos aristarques n'ayant jamais compris le devoir de soutenir les œuvres qui donnent à notre Théâtre tant d'éclat à l'Etranger comme en France, au lieu de mettre leur plume au service de la moderne école allemande ou de certaines œuvres dont le public se détourne avec raison. Il est vrai que s'il se détourne à tort ils feront volontiers cause commune avec lui ; l'histoire de *Carmen* le prouve surabondamment. Ils font une guerre acharnée à l'école italienne dont ils ne veulent voir que les défauts ; mais tout ce qui vient d'outre-Rhin est assuré de leur indulgence, fût-ce l'impudique, l'effroyable *Salomé*.

Je me trompe : on fait exception pour Meyerbeer, on lui en veut d'être Prussien ; on oublie qu'il n'a pas cherché à nous imposer le goût allemand, qu'il a travaillé spécialement pour nous en s'efforçant de s'accomoder au goût français. Ainsi faisaient Rossini, Donizetti lui-même quand il écrivait son fameux « Salut à la France ». Aujourd'hui les musisiens étrangers introduisent chez nous l'art de leur pays, ce qui est tout différent. Un seul, M. Giordano, voulait faire avec la collaboration de Sardou un opéra français sur un sujet français ; le destin ne l'a pas voulu.

On a cherché à me mettre en contradiction avec moi-même en allant chercher dans *Harmonie et Mélodie* mes anciens écrits sur Richard Wagner, alors que la situation était exactement l'inverse de ce qu'elle est aujourd'hui. Wagner était alors méconnu même dans sa patrie. Les générations actuelles ignorent tout de cette époque lointaine : elles ignorent que l'auteur de *Lohengrin* dut autographier lui-même sa partition, n'ayant pas d'éditeur, et que celle-ci, publiée, ne trouvait aucun théâtre pour l'accueillir ; il fallut que Liszt, tout-puissant à Weimar, y fît représenter *Lohengrin*, au milieu de l'hostilité générale, pour que cette œuvre arrivât au public. Plus tard, *Tristan*, mis à l'étude à Vienne, fut abandonné comme inexécutable ; et quand Wagner parvint, grâce à la protection royale, à le faire représenter à Munich, la résistance continua ; la première représentation à Berlin rencontra dans la presse l'hostilité la plus déclarée. Il est juste de remarquer que *Tristan*, d'une exécution laborieuse, d'une audition fatigante, devait fatalement se heurter à des obstacles, ne fût-ce que chez les chanteurs dont il use terriblement les forces. Un

grand wagnérien n'a-t-il pas écrit que *Tristan* contenait des beautés cruelles? Si l'on
peut s'étonner, c'est qu'un tel ouvrage, qui
ne s'adresse en réalité qu'à un public spécial,
soit devenu d'un usage courant. Il est vrai
que cela ne s'est pas fait tout seul...

Au temps où j'écrivais *Harmonie et Mélodie*, les dieux de la Critique étaient Rossini,
Bellini, Donizetti, Verdi ; la mélodie était
déesse, et Wagner quelque chose comme
l'Antéchrist de la Musique. J'aurais voulu que
l'on fît abstraction de l'homme, — peu sym-
pathique —, de sa nationalité, de ses injures
même, pour ne voir que ses œuvres, porte
ouverte sur un monde nouveau ; j'aurais
désiré que nos jeunes musiciens, écartant
ce qui, dans son bagage, est purement allemand ou trop personnel, profitassent de ses
inventions pour enrichir leur technique, sans
se laisser égarer par des théories extrava-
gantes. Pouvais-je prévoir qu'à la wagnéro-
phobie succèderait la wagnérolâtrie et l'asser-
vissement du génie français au génie tudes-

que ? Pouvais-je prévoir que Richard Wagner deviendrait en quelque sorte une personnification de l'Allemagne moderne? Aussi n'est-ce pas dans *Harmonie et Mélodie*, mais dans *Portraits et Souvenirs* que l'on trouvera mon sentiment définitif sur ces délicates questions ; il y est exposé clairement et en toute sincérité. Mais, dès le premier jour (1), je m'étais séparé de ceux qui voulaient faire des œuvres wagnériennes l'alpha et l'oméga, le « tout » de la musique, regardant les grands musiciens qui l'ont précédé comme de simples précurseurs, *croyant* en Wagner comme s'il était un Messie ; j'ai toujours considéré cette manière de voir comme une aberration, malgré l'enthousiasme de la première heure, dans lequel entrait pour beaucoup l'attrait puissant de la nouveauté.

Pour ce qui est de la sincérité, je n'y ai manqué qu'une fois, et je m'en accuse.

C'est à propos du *Crépuscule des Dieux*,

(1) *Harmonie et Mélodie*, page 41.

lorsque je l'entendis pour la première fois à Bayreuth. Cette dernière partie de l'*Anneau de Niebulung* m'avait refroidi. A côté de pages merveilleuses, j'en avais trouvé d'autres qui m'avaient déplu, notamment au second acte ; la longueur démesurée de l'œuvre m'avait excédé. Mais autour de moi je voyais une telle admiration sans mélange, une telle foi, que je pensai m'être trompé, et qu'une audition ultérieure modifierait mon impression ; dans cette incertitude, je n'ai pas osé dire tout ce que je pensais. On peut remarquer, d'ailleurs, dans *Harmonie et Mélodie*, que si je ne me suis pas permis de critiquer le *Crépuscule*, j'ai été plus sobre d'éloges sur cette dernière partie de l'*Anneau* que sur les trois autres.

Ces pages, assurément, ne convertiront personne ; mais, à ceux qui pensent comme moi, elles donneront le courage de le dire ; et, d'un autre côté, elles montreront combien le mal était profond. On prend la défense de ce musicien mort depuis plus de trente ans, dont l'exclusion « aurait, au point de vue artistique, des résultats fâcheux » ; oui, Wagner est mort depuis trente ans et n'est pas responsable de ce qui se passe aujourd'hui, mais le wagnérisme est toujours vivant. Si vous en doutez, écoutez ce que chantent les étudiants allemands :

« On dirait que Siegfried s'est réveillé, au grand effroi de ses ennemis, et que de toute sa force il a fait siffler sa vieille épée Nothung ! »

Ecoutez ce que dit M. Houston Stewart Chamberlain ! Wagnérien de la veille, jadis collaborateur de l'effarante *Revue Wagnérienne*, auteur d'un livre retentissant sur l'œuvre de Wagner, dont il est devenu le gendre ; il nous donne maintenant toute sa pensée dans un ouvrage dont le pangermanisme passe toutes les bornes. Oubliant les enseignements de Gœthe, il déclare qu'il n'y a pas de culture grecque, pas de culture latine ; tout est venu des Germains ; tout ce qui n'est pas germain n'existe pas. *L'importance de chaque nation dépend de la proportion de sang germain qu'elle contient...*

Et, dans la situation où nous sommes, il se trouve des Français pour chanter presque dans ce ton. Des correspondants m'ont écrit pour réclamer la musique allemande, les chefs d'orchestre allemands. Nous voulons, me dit-on, reconnaître tout ce qui est beau, tout ce qui est grand, où que cela se trouve, *à plus forte raison chez nos ennemis, car nous voulons la France chevaleresque.* Chevaleresque, avec de pareils sauvages ! Passons.

Mais qui parle de ne pas reconnaître ce qui est beau et ce qui est grand ? Ce qu'il ne faut pas, c'est se laisser étouffer, annihiler par nos ennemis ; c'est croire que tout ce qui vient d'eux est beau et grand, alors même que c'est médiocre ou détestable, tandis qu'on n'a que de l'indifférence pour nos productions nationales.

Ah ! quand je me suis attaqué à la « germanophilie », je savais bien ne pas travailler dans mon intérêt ; je savais que le bénéfice le plus clair que je retirerais de ma campagne serait le boycottage de mes œuvres en Allemagne, et qu'en France même j'attirais la foudre sur ma tête. J'ai conscience d'avoir accompli mon devoir, et le reste m'est indifférent.

— On t'appelle Parsifal; moi je t'appelle Fal-Parsi. Ainsi parle au héros du célèbre drame sacré l'énigmatique Kundry.

Qu'est-ce que cela veut dire?

On l'ignore, on l'ignorera toujours.

On a cru d'abord que ce double mot était persan ou arabe; on a cherché vainement dans tous les dialectes. Au bout de deux années de vaines recherches, l'auteur avoue gaiement qu'il est inutile de chercher, que Fal-Parsi est de son invention. « Du reste, écrit-il, je me moque de la signification des mots arabes... Le dialecte arabe dans lequel il fallait trouver « Fal » signifiant « Fou » était de mon invention. Je voulais imposer ce mot à un dialecte quelconque, parce qu'il me va ! »

On a trouvé cela charmant : Wagner avait bien le droit d'inventer un mot, si cela lui faisait plaisir ! On irait loin, pourtant, avec le droit d'attribuer à des syllabes quelconques un sens arbitraire ; en réalité, les mots qui n'appartiennent à aucune langue n'ont aucun sens.

Ah ! si *Parsifal* n'avait eu que le succès de curiosité sur lequel on pouvait toujours compter ; s'il avait été accueilli avec hostilité ou simplement avec froideur, je n'en parlerais pas. Mais ce fut un succès immense.

« Quand il s'agit des œuvres de Richard Wagner, me disait un jour une prêtresse du culte, il faut faire abstraction du sens critique ».

Il faut donc les admirer, comme Victor Hugo admirait les œuvres de Shakespeare, sans restriction, *comme une brute*. Je connais des esprits fins, judicieux, qui admirent ainsi *Parsifal*, ils ont la foi, et celle-ci, comme l'amour, a des raisons que la raison ne connaît pas. Dire qu'ils admirent ne serait pas suffisant, ils adorent. Une œuvre aussi colossale, élaborée avec tant de foi, mérite de rencontrer le même sentiment sur sa route. Il est entendu que c'est une œuvre hors de pair,

que son auteur seul était capable d'écrire ;
dire que cela est bon, ou que cela est mauvais, n'aurait aucun sens ; on est avec elle
dans une région surhumaine et inexplorée.

Dans cette région inexplorée, surhumaine,
le sens commun perd ses droits ; à vrai dire,
il n'y pénètre pas.

Lohengrin nous avait appris, dans un récit
célèbre, qu'il était le fils de Parsifal. Ici, de
l'aveu de l'auteur (cet aveu est-il sérieux ?),
le père serait né après le fils...

Pour goûter pleinement *Parsifal*, il faut
croire à la métempsycose, admettre que Kundry a eu plusieurs avatars, qu'elle a été Héro-
dias, que sous cette forme elle a ri au nez du
Christ mourant sur la croix ; et que pour ce
crime elle a été condamnée à rire toujours et
à ne jamais pleurer. Elle a le rire strident, le
rire extatique, le rire douloureux... tantôt
servante des saints chevaliers du Graal,
tantôt séductrice aux ordres de l'enchanteur
Klingsor dont je ne saurais narrer les fâ-
cheuses aventures, ornée d'un nom étrange,
elle est aussi déconcertante que son nom. J'ai
lu quelque part que, pour la comprendre, il fal-

lait avoir étudié toutes les anciennes théogo-
nies; je n'ai pas eu le temps de faire ces
études, le lecteur voudra bien m'en excuser...

Souvent j'ai lu et relu le poème de *Parsifal;* chaque fois que j'entreprends ce
voyage, je m'égare dans cette forêt vierge;
je m'embrouille dans cette légende prodi-
gieusement compliquée, dans la fondation
de l'ordre des chevaliers du Graal, dans la
généalogie d'Amfortas dont le père, Titurel,
mourant au premier acte, est tout à fait mort
au troisième. Heureux ceux qui peuvent
s'intéresser à ces histoires! Cela m'est impossible; la mort du vieux Titurel m'est
indifférente et Amfortas lui-même a beau se
tordre de douleur et pousser des cris déchi-
rants aux sons d'une musique admirable, ses
souffrances me laissent insensible; j'ose
l'avouer, au risque de passer pour « Phi-
listin ».

L'idée première du drame est dans les mots
cabalistiques : « *Durch Mitleid Wissen, der
reine Thor* ». Ces mots, de l'aveu des com-
mentateurs, n'ont pas un sens précis. Ils
signifient littéralement : *sachant par compas-*

sion, le pur Fol. Celui qui réunira ces qualités pourra seul reconquérir la Lance sacrée tombée au pouvoir de Klingsor, et guérir par son attouchement la blessure inguérissable faite par elle au coupable Amfortas. Parsifal, « élevé au coin d'un bois », comme on dit vulgairement, mais à la lettre, ne sait rien que l'art de tuer à coups de flèches les bêtes sauvages; c'est là ce que signifie « Thor », que « Fol » traduit incomplètement. Le savoir lui viendra par la compassion, quand il aura contemplé les contorsions douloureuses d'Amfortas, quand il aura vu le sang couler de sa blessure.

On sait depuis longtemps que l'amour donne de l'esprit aux filles et même aux garçons; mais l'amour proprement dit est-il la même chose que la charité? Il semble qu'il y ait ici une confusion, une identification de deux sentiments voisins mais différents : l'amour divin et l'amour terrestre ne sont pas tout à fait la même chose.

Assez de commentaires ont été publiés sur *Parsifal* pour que je me dispense d'entrer dans tous les détails de cette épopée. Rappelons seulement que le Graal, coupe magique et sainte, dans laquelle le Christ a consacré le vin, qui a recueilli son sang sur la Croix, a été enlevé au ciel par les anges et rapporté par eux sur la terre pour en faire don aux chevaliers de Mont-Salvat, lequel d'ailleurs n'a jamais existé; l'idée en a été suggérée à Richard Wagner par le monastère de Mont-serrat, en Espagne.

Dans le monastère de Mont-Salvat, le Graal est l'objet d'un culte qui, pour les catholiques, est une parodie de leur religion. On y chante les paroles sacramentelles de la consécration; la table où les chevaliers sont assis, mangent le pain et boivent le vin con-sacré, paraît être la Sainte-Table. De même que le prêtre découvre le calice, Amfortas découvre le Graal; cela suffit pour conserver la vie aux chevaliers qui, sans cette céré-monie, mourraient peu à peu d'épuisement; on pénètre ainsi dans une religion inconnue, greffée sur la religion catholique. On sait que ce geste de découvrir le Graal redouble les douleurs d'Amfortas,

Au second acte, il s'agit de séduire Parsifal pour l'empêcher de reconquérir la Lance sacrée. Chargée de cette délicate mission, Kundry lui parle de sa mère Herzeleide (douleur-du-cœur). Comme la langue grecque, la langue allemande peut renfermer une phrase dans un mot ; ainsi que les épithètes homériques, les noms propres des personnages de Wagner sont pleins de significations dont les auditeurs français, en grande majorité, ignorent l'existence. C'est ainsi que Siegfried devrait s'appeler en français Paix-dans-la-victoire ; Woglinde, Douce-vague ; Siegmund, Bouche-victorieuse ; Sieglinde, Douce-dans-la-victoire ; Hunding s'appelle ainsi parce qu'il a une meute de chiens, et Chiennant pourrait être son nom.

Kundry enlace donc Parsifal de ses bras et lui dit : « L'amour te donne aujourd'hui, comme salut suprême de la bénédiction maternelle, le premier baiser d'amour... » Les uns trouvent cela touchant, d'autres le trouvent choquant.

Elle lui donne donc sur les lèvres un long, très long baiser d'amour... et cela lui donne de violentes crampes d'estomac. Pardon! cela m'a échappé. Ce sont les douleurs, les cuisantes et sacrées douleurs d'Amfortas qu'il ressent, parce qu'il a été éclairé par la compassion.

Jamais, avant *Parsifal*, on n'avait vu la compassion produire de tels effets; comment ici les produit-elle? Cela n'est pas expliqué : il faut l'admettre sans discussion. Combien d'autres choses ne sont pas expliquées! L'auteur dédaigne de nous aider à comprendre :

Comment Kundry peut être à la fois la servante des Chevaliers du Graal et celle de l'enchanteur Klingsor;

Comment, après s'être roulée dans l'herbe en poussant des cris sauvages, elle est prise d'un sommeil invincible et se trouve transportée à travers la montagne dans le cabinet magique de l'enchanteur, où elle apparaît sortant d'une sorte de puits, pour se trouver ensuite, revêtue d'un costume splendide, couchée sur un lit de fleurs;

Comment Parsifal, sans armes, presque nu (je l'ai vu à Bayreuth vêtu d'une simple chemise arrivant aux genoux), parvient-il à vaincre les guerriers qui défendent l'accès du château et qui sont armés;

Comment Klingsor, qui possède un miroir métallique dans lequel il voit tout ce qui se passe au dehors, n'y voit pas que Parsifal a résisté aux séductions de Kundry et arrive comme un niais pour le percer de la Lance sacrée, dont Parsifal s'empare tout naturellement;

Comment, au troisième acte, Gurnemanz, le vieux chevalier, habitant une cabane rustique, sait que Titurel est mort dans le monastère;

Comment Kundry se trouve là, prête à servir et tellement humiliée par sa défaite qu'elle en a perdu la parole;

Comment Parsifal, qui survient, se trouve vêtu d'une armure et d'un casque à visière;

Comment il a pu résister aux attaques nombreuses dont il a été l'objet, suivant son récit, alors que par respect, il n'osait se servir de la Lance sacrée pour se défendre;

Comment Kundry, misérablement vêtue, tire de son sein un flacon d'or, d'où elle verse un baume parfumé sur les pieds de Parsifal, qu'elle essuie avec ses cheveux, pour faire contempler au spectateur le tableau du Christ et de la Madeleine. (Notez en passant que l'Evangile ne dit pas que la femme qui commit cet acte fût la Madeleine; on l'a attribué à cette dernière sans raison.)

Il faudrait aussi comprendre pourquoi, lorsqu'Amfortas découvre le Graal, son martyre s'accroît et son sang coule; comment, après que Parsifal a guéri la blessure par l'attouchement de la Lance qui l'avait causée, un sang sacré découle de la pointe de la Lance. Alors une lumière émane du Graal, tout s'illumine, une colombe descend du ciel en planant sur la tête de Parsifal.

Des enthousiastes se sont indignés de voir la colombe suspendue par une ficelle. Que voulez-vous? Ni la machinerie, ni l'éducation des animaux ne sont encore assez perfectionnées pour qu'une colombe puisse se soutenir en l'air par ses propres moyens.

Mais, j'y songe, cette colombe ne peut être que le Saint-Esprit! C'est donc la Troisième personne de la Sainte-Trinité qui paraît sur la scène. Nous y avons vu ailleurs la seconde, le Christ en personne; il ne reste plus à nous montrer que la Première, le Créateur du Monde; et je ne désespère pas de voir un jour M. Delmas ou M. Gresse remplir ce rôle, sous l'aspect d'un vénérable vieillard; car une convention séculaire veut que Dieu le Père ait cette apparence. Comme si l'Eternel pouvait avoir un âge !

De tout cela il résulte que *Parsifal* est une œuvre incompréhensible. Pour ceux qui ont la Foi, cela n'a pas d'importance; ils ne sont pas loin de croire que Richard Wagner a fondé une religion. Mais le grand public ne saurait avoir la Foi... D'où vient donc qu'il affluait tellement aux représentations de *Parsifal*, qu'il ne pouvait s'en lasser?

Le public ne cherche pas à comprendre le drame, qui était pour l'auteur la chose principale; le public écoute la musique, contemple la splendeur du spectacle et ne s'inquiète pas d'autre chose. La musique? Elle contient des sublimités et des suavités : le Prélude, le Tableau du Temple, l'Enchantement du Vendredi Saint. Pour le reste, il semble que l'auteur, au lieu d'user librement de son système, en soit devenu prisonnier; c'est dans sa plénitude ce qu'il a nommé la « musique de la Forêt ». Sauf dans le Prélude et dans les chœurs, ceux-ci traités mélodiquement alors que la mélodie est systématiquement tenue à l'écart dans tout le reste de la partie vocale, rien ne commence, rien ne finit, tout s'enchaîne sans trêve et sans repos, seul moyen d'ailleurs de mettre en musique les interminables récits des personnages. Et quelles longueurs, que de redites, quel incommensurable ennui s'exhale de certaines scènes !

Heureusement, la musique de Richard Wagner a un caractère qui n'appartient qu'à elle; même dans ses pires moments, elle est ensorcelante : on est pris comme dans un cercle magique, on a bu la liqueur qui trouble la raison, on erre au hasard sur une mer sans bords qui vous emporte, on perd la faculté de réfléchir, on ne cherche plus à comprendre, on admet tout, on supporte tout, on ne s'appartient plus; et si les musiciens seuls peuvent comprendre cette musique après l'avoir profondément étudiée, ce sont les non-musiciens qui se laissent le mieux captiver par son pouvoir d'enchantement. Quant à la comprendre, ils ne la comprendront jamais.

Il y a encore autre chose dans le succès de *Parsifal* : il y a ce qu'on a appelé « le juste retour des choses d'ici-bas ».

Ah! c'est bien fait! Public imbécile qui ne voulais ni de *Tannhäuser* ni de *Lohengrin*, dont j'ai entendu siffler le Prélude, cet incomparable diamant! On se bouchait les oreilles, on traitait Wagner de faiseur de bruit, tandis que le moindre opéra-comique d'alors était plus bruyant que ses œuvres! On déclarait obscure, incompréhensible, la musique si claire et si suave de *Lohengrin!* Maintenant l'éducation du public a été faite. On lui a persuadé d'abord qu'il importait peu qu'une pièce fût intéressante et compréhensible, que l'idée seule importait; que dis-je? l'idée! le symbole, le mythe. On lui a persuadé ensuite que la clarté, la logique en musique étaient des défauts, que l'art du chant était une invention du Diable; qu'il fallait mépriser l'oreille, cette guenille, et ne priser que ce qui la choque et la révolte; et on lui a donné des pièces démentes agrémentées de musique effroyable. Que parlons-nous de *Parsifal?* On en a vu bien d'autres!

« Le public, écrivait un jour Berlioz, est comme les requins qui suivent les navires : il avale tout, le morceau de lard et le harpon ».

On dirait parfois, de nos jours, que le harpon lui suffit...

La France envahie, des Français torturés et massacrés, des villes ruinées, des chefs-d'œuvre de l'Art détruits, des sanctuaires profanés, tout cela n'empêche pas certaines gens d'aimer l'Allemagne jusque dans ses erreurs les plus funestes, de voir des beautés dans ses pires laideurs ; on se demande avec stupéfaction, presque avec effroi, ce qui se passe dans des cerveaux aussi profondément déséquilibrés. Ne pourrait-on pas au moins, avant d'étaler au grand jour de telles sympathies, attendre que la guerre, l'effroyable guerre fût terminée ?

Mais non, on ne saurait attendre ; car il faut préparer l'opinion, habituer d'avance le public à une restauration allemande, au retour à la situation artistique à laquelle on était parvenu, et que l'Allemagne ne veut pas perdre. Et l'on rompt des lances pour la *Salomé* de M. Richard Strauss !

Celui-ci avait commencé par des œuvres remarquables, audacieuses, certes, mais d'une belle audace où l'extravagance ne dépassait pas les limites permises, où se manifestait un incontestable talent. Puis il s'est épris de Nietzsche, le philosophe aux multiples consonnes et aux folles théories ; il nous a conté en musique ce que disait Zarathoustra, et la démence a gagné son œuvre. Cette musique incohérente, absurde, on nous l'a imposée ; la *Vie d'un Héros*, la *Sinfonia domestica*, ces choses sans nom qu'on n'aurait jamais exécutées si elles avaient été signées d'un nom français, ont envahi les programes et recueilli des éloges ; enfin, *Salomé*, cette œuvre sadique et cacophonique, a été représentée plus de trente fois sur la scène de l'Opéra, grâce aux « étoiles » que l'on faisait venir l'une après l'autre pour attirer le public par l'attrait de la curiosité et de la nouveauté. Et c'est cette *Salomé* dont on prend passionnément la défense, allant jusqu'à proclamer que si, dans certains passages de cette partition, le

chant est écrit dans un ton et l'accompagnement dans un autre, cela n'a aucune importance !

Ce qui choquait hier, dit-on, ne choque
plus aujourd'hui ; ce qui choque aujourd'hui
ne choquera plus demain.

Cette progression, cependant, ne saurait
continuer indéfiniment, sous peine d'arriver
à la négation de l'art.

On riait aux premières Expositions des
impressionnistes ; puis on a cessé de rire, et
certaines tentatives ont paru légitimes, des
notations nouvelles se sont imposées ; puis,
sous prétexte de notations nouvelles, on s'est
tout permis, des gens sans talent ont fait
prendre au public leur insuffisance pour de
l'audace ; et celui-ci s'est habitué à regarder
sans protester des femmes vertes dont les
yeux ne sont pas à la même hauteur, des
maisons déséquilibrées dans des paysages où
le vermillon lutte avec le vert véronèse, des
tableaux devant lesquels, si l'on n'a pas re-
gardé le livret, on se demande s'ils représentent des baigneuses, un bouquet de fleurs

ou l'étalage d'un charcutier, des statues cubistes...

De même, en musique, le public subit tout à présent. Il a subi *Salomé*, où il y a bien d'autres choses que le chant et l'accompagnement habitant deux pays différents; il aurait probablement subi *Electra*, où l'on peut entendre, au moment où Electra reconnaît son frère, trois tonalités différentes résonnant ensemble. C'est l'effet que l'on peut savourer à la foire de Neuilly quand on a plusieurs orchestrions dans son voisinage; on n'avait pas cru, jusqu'à ce jour, que ce fût le comble de l'art.

Berlioz a parlé avec horreur de ces modulations atroces où une tonalité s'introduit dans un coin de l'orchestre avant que l'autre en soit sortie; et c'est lui dont on veut faire le grand-père des abominations de la moderne Ecole allemande! Quelle preuve donne-t-on de cette filiation ? l'affirmation de certains critiques. La belle affaire! Berlioz a découvert un monde nouveau dans le domaine de l'instrumentation, découverte dont tout le monde a profité. Quant à la façon de traiter tout ce qui concerne le fond de la musique, l'écriture, l'harmonie, la mélodie, elle lui est restée personnelle et n'a pas fait école. Il fuyait les dissonnances autant que possible, aussi n'aimait-il dans Wagner que le Prélude de *Lohengrin*, qui est de nature très consonnante et qu'il a traité de chef-d'œuvre.

Ce qui choque aujourd'hui ne choquera plus demain, quel qu'il soit. Cela revient à dire que l'on peut s'habituer à tout. C'est certain. On s'habitue à la saleté, à la grossièreté, au cynisme, à l'ivrognerie, au vol, à l'assassinat. Les Allemands nous ont montré comment on s'habitue à torturer des prisonniers, des blessés, des femmes et des enfants. Comment ne comprend-on pas qu'il y a des choses auxquelles *il ne faut pas* s'habituer ?

Quand on est arrivé à entendre avec plaisir, ou tout au moins avec indifférence, des accords faux, des discordances inexplicables, on est devenu l'égal des personnes dépourvues d'organisation musicale, n'ayant pas d'oreille, comme on dit; et l'on a simplement prouvé que là, comme ailleurs, les extrêmes se touchent.

A ceux qui m'accusent d'avoir changé d'opinion, je dédie cette lettre, que j'écrivais à M. Hippeau en 1881.

Lorsque vous m'avez demandé, il y a quelque temps, ma collaboration pour la *Renaissance Musicale*, je vous l'ai donnée, à condition que votre journal serait franchement et sans arrière-pensée l'organe de la Jeune École Française, et que les questions concernant les écoles étrangères n'y seraient traitées qu'au second plan et à titre de renseignements, vous avertissant de mon intention de me séparer de vous *avec éclat* si je m'apercevais qu'il en fut autrement.

Je reçois votre programme et je me vois forcé de me séparer de vous dès le premier numéro. A la cinquième ligne de ce programme je lis le nom de Wagner et c'est en vain que j'y cherche celui de Gounod ; il n'y brille que par son absence. Vous inscrivez en lettres d'or en haut de votre drapeau *Tannhäuser* à côté des *Troyens* et vous n'avez pas une place pour *Faust*. Nul n'ignore que l'auteur de *Tannhäuser* a été blessé au plus haut point de l'accueil que l'Allemagne a fait à *Faust* et que ses fidèles affectent pour cette œuvre un souverain mépris. Il y a là une fâcheuse coincidence.

Un journal de musique, dévoué à la Jeune Ecole Française ne saurait oublier les services que M.Gounod a rendus à cette Ecole, la lutte si longue à la fin victorieuse que cette belle partition de *Faust* a soutenue en France et dans le monde entier. L'oublier c'est être ingrat et trahir la cause de ceux qu'on prétend servir. Y avez-vous songé ? Je ne le pense pas et c'est pourquoi je crois devoir vous en avertir et refuser de marcher avec vous dans une voie où nous marcherons ensemble, j'en suis convaincu, mais où nous ne marcherions pas du même pas.

Ah ! il fut un temps qui n'est pas encore bien éloigné de nous où il était beau d'être wagnérien. Richard Wagner était méconnu en Allemagne plus que partout ailleurs, son nom signifiait progrès, audace, bataille livrée à la routine. Sa cause était celle de tous ceux qui pensent, qui voient et qui espèrent. Sa musique était la Musique de l'Avenir.

La situation est bien changée. L'Allemagne a adopté les œuvres de Wagner, elle les exécute continuellement et les répand dans le monde entier. De tous les points du globe on est venu à Bayreuth assister aux représentations de la Tétralogie.

Partout où il y a des Allemands, fut-ce au bout du Monde, on organise des Comités Wagner qui donnent des concerts, réunissent des fonds pour l'œuvre de Bayreuth, opèrent une pression pour faire monter dans les théâtres l'œuvre du Maître. La Musique de l'Avenir sera bientôt, si cela continue, la Musique du Passé. Or R. Wagner a conquis le Monde mais il n'a pas conquis la France et ne s'en console pas, ce que je comprends. et les Allemands intelligents feront tout au monde pour travailler à cette conquête. Qu'ils y travaillent, soit ! mais qu'ils cherchent d'autres que moi pour les y aider.

Je serai tant qu'on voudra pour Wagner contre Brahms, pour Wagner contre les Philistins : pour l'Allemagne contre la France, jamais. Mes prédilections musicales ne me feront jamais oublier que si l'Art n'a pas de Patrie, les artistes en ont une, et qu'il ne convient pas à l'École Française de s'abriter en France sous la protection de l'Étranger.

Paris, 5 Mars 1881.

JEAN MARNOLD
Musique d'autrefois et d'aujourd'hui,
in-18...................... 3 50

RENÉ MARTINEAU
Emmanuel Chabrier, in-18...... 3 »

Dᵣ MAUCHAMP
La Sorcellerie au Maroc. in-8 avec
17 illustrations.................. 7 »

EUG. MEIGNEN
*Pensions et allocations, indemnités,
secours, successions, etc.,*gr.in-8 1 »
Les Contrats et la Guerre, in-8 écu.. 3 »
Pillages. destructions, dommages,
(Lois et jurisprudence), in-8 écu... 0.60
Code du Moratorium, 2 brochures in-8
écu............................ 1.75

F. DE MIOMANDRE
Figures d'hier et d'aujourd'hui, in-8
écu............................ 5 »
Gazelle (mémoires d'une tortue),in-8.. 7.50

COMTESSE DE NOAILLES
De la Rive d'Europe à la Rive d'Asie,
in-8.......................... 7.50

NOZIÈRE
Au Temps d'Adrien, in-8 écu.... 5 »
Joconde. in-8 écu............. 2 »
Trois pièces galantes, in-8..... 7.50
La Prière dans la Nuit, in-18... 1 »

PAPUS
La Réincarnation, la Métempsychose et
l'évolution physique, astrale et spirituelle.
in-18.......................... 3.50

EDGARD POE
Dix Contes illustrés par Martin Van Maële
de gravures sur bois. in-8........ 50 »

M.-C. POINSOT
*Les Volontaires étrangers de 1914 :
Au service de la France,*in-18·, 1 »

XAVIER PRIVAS
Petites Vacances, album in-4 oblong,
illustré....................... 7.50
La Douce Chanson, in-18........ 3.50
Chansons Enfantines, in-18.... 1.50

LES PROPHÉTIES DU MOIS
Revue mensuelle illustrée, (novembre
1915 à juin 1916)............... 3.20

PROUILLE ET MOULIÉ
Les poésies de Makoko-Kangourou,
in-8 écu....................... 1.50

H. DE RÉGNIER
Pour les Mois d'Hiver, in-8..... 7.50

A. ROBIDA
Les Vieilles Villes des Flandres (Belgique et Flandre française), in-8 avec 155
illustrations................. 15 »
Les Vieilles Villes du Rhin (à travers
la Suisse, l'Alsace. l'Allemagne et la Hollande), in-8 avec 221 illustrations.. 20 »

A. DE ROCHAS
*La Science des Philosophes et l'art
des Thaumaturges dans l'Antiquité,*
in-8.......................... 8 »
La Suspension de la Vie, in-8.. 3.50

L. DE ROYAUMONT
Balzac et la Société des Gens
Lettres, in-16..................

ENRICO SACCHETTI
Robes et Femmes, album in-folio en
leurs.................... 3

SAINT-SAENS
Au courant de la vie, in 8......
Germanophilie, in-18...........

ST-YVES D'ALVEYDRE
Mission de l'Inde en Europe, in-8
Mission des Juifs, in-8......... 2
Mission des Souverains, in-8... 1
Mission des Ouvriers, in-8......
La France vraie : Mission des Fr
çais, in-12....................
L'Archéomètre, in-4............. 4

SAMSON
*L'Art thédtral,*in-18 avec 8 portraits

SIDNEY PLACE
Les Fréquentations de Maur
in-18 ....

G. STOFFER
La prophétie de sainte Odile et la
de la guerre, in-8.............. 1

LOUIS THOMAS
Le Général de Galliffet, in-8 écu.
L'Espoir en Dieu, in-8..........
*Les douze livres pour Lily,*in-8...
André Rouveyre, petit in-4 illust...
La Promenade à Versailles,
illustré.......................

TOLSTOI
La Loi de l'Amour et la Loi de
Violence, in-18..................

LÉON VAN NECK
1870-71 illustré : campagne francomande, in-8 illustré............
*Vieux Bruxelles illustré,*in-8 ill..
Waterloo illustré, in-8 illustré.....

VASARI
Les Vies des plus excellents Peint
Sculpteurs et Architectes, 2 vol
in-8.......................... 1

ET LA VOIX DISAIT...
Paroles prophétiques d'un Esp
brochure in-8 de 8 pages.........

ESTAMPES

HERMANN-PAUL
Le Départ de Tipperary. Estampe
folio oblong, taillée au canif et coloriée
Le Départ pour le Front. Estampe
folio oblong, taillée au canif et coloriée

LÉANDRE
Le Roi Albert, estampe in-folio col
à l'aquarelle...................
Le Général Joffre, estampe in-folio
riée à l'aquarelle...............

ROBIDA
La Délivrance, lithographie in-folio.

<hr>

Envoi franco du Catalogue détaillé